AF457401

ISBN 978-3-662-23251-4 ISBN 978-3-662-25273-4 (eBook)
DOI 10.1007/978-3-662-25273-4

Die in den Sitzungsberichten Abtlg. I und Abtlg. II der math.-nat. Klasse der Österr. Ak. d. Wiss. erscheinenden Abhandlungen werden auch einzeln abgegeben. Sie können durch jede Buchhandlung oder direkt durch die Auslieferungsstelle der Österreichischen Akademie der Wissenschaften (Wien I, Singerstraße 12) bezogen werden.

Nachfolgende Abhandlungen aus dem Fache der **Paläontologie** sind erschienen:

1951 (S I Bd. 160):

Thenius E.: Eine neue Rekonstruktion des Höhlenbären (Ursus spelaeus Ros.) (mit 3 Tafeln), 12 Seiten. S 6.40

1952 (S I Bd. 161):

Bachmayer F.: Fossile Libellenlarven aus mioz. Süßwasserablagerungen (mit 1 Taf.), 5 Seiten. S 3.60

Beier M.: Miozäne und oligozäne Insekten aus Österreich und den unmittelbar angrenzenden Gebieten (mit 2 Textabbildungen und 2 Abbildungen auf einer Tafel), 5 Seiten. S 3.90

Berger W.: Pflanzenreste aus dem miozänen Ton von Weingraben bei Draßmarkt (Mittelburgenland) (mit 15 Textabbildungen), 8 Seiten. S 3.80

Berger W. und Zabusch F.: Die Pflanzenreste aus den obermiozänen Ablagerungen der Türkenschanze in Wien (vorläufiger Bericht), 8 Seiten. S 3.30

Papp A.: Über die Verbreitung und Entwicklung von Clithon (Vittoclithon) pictus (Neritidae) und einiger Arten der Gattung Pirenella (Cerithidae) im Miozän Österreichs (mit 1 Textabbildung und 3 Tafeln), 24 Seiten. S 11.80

Thenius E.: Die Boviden des steirischen Tertiärs. Beiträge zur Kenntnis der Säugetierreste des steirischen Tertiärs, VII. (mit 11 Textabbildungen), 31 Seiten. S 13.10

Weinfurter E.: Otolithen aus miozänen Brack- und Süßwasserschichten des Lavanttales in Kärnten (mit 1 Tafel), 7 Seiten. S 3.20

Weinfurter E.: Die Otolithen aus dem Torton (Miozän) von Mühldorf in Kärnten (mit 1 Textabbildung und 2 Tafeln), 23 Seiten. S 11.80

Weinfurter E.: Die Otolithen der Wetzelsdorfer Schichten und des Florianer Tegels (Miozän, Steiermark) (mit 5 Tafeln), 43 Seiten. S 19.—

1953 (S I Bd. 162):

Bachmayer F.: Die Myriopodenreste aus der altplistozänen Spaltenfüllung von Hundsheim bei Deutsch-Altenburg, Niederösterreich (mit 1 Tafel). S 3.60

Berger W.: Pflanzenreste aus dem miozänen Ton von Weingraben bei Draßmarkt, Mittelburgenland II. (mit 21 Textabbildungen). S 4.60

Berger W.: Die obermiozäne (sarmatische) Flora von Gabbro (Monti Livornesi) in der Toskana. S 5.—

Bernhauser A.: Über Mycelitis ossifragus Roux. Auftreten und Formen im Tertiär des Wiener Beckens (mit 6 Textabbildungen). S 7.20

Papp A. und Küpper K.: Die Foraminiferenfauna von Guttaring und Klein St. Paul (Kärnten). I. Über Globotruncanen südlich Pemberger bei Klein St. Paul (mit 2 Tafeln). S 10.—

Papp A. und Küpper K.: Holothurienreste aus dem Torton des Wiener Beckens (mit 1 Tafel). S 3.—

Papp A. und Küpper K.: Die Foraminiferenfauna von Guttaring und Klein St. Paul (Kärnten). II. Orbitoiden aus Sandsteinen vom Pemberger bei Klein St. Paul (mit 4 Tafeln). S 13.60

Papp A. und Küpper K.: Über Stolonen von Auxiliarkammern bei Orbitoides und Lepidorbitoides (mit 1 Tafel). S 4.—

Papp A. und Küpper K.: Die Foraminiferenfauna von Guttaring und Klein St. Paul (Kärnten). III. Foraminiferen aus dem Campan von Silberegg (mit 3 Tafeln). S 11.30

Sieber R.: Eozäne und oligozäne Makrofaunen Österreichs. S 8.50

1954 (S I Bd. 163):

Bachmayer F.: Zwei bemerkenswerte Crustaceen-Funde aus dem Jungtertiär des Wiener Beckens (mit 1 Tafel). S 6.60

Janetschek H.: Ein neues inneralpines Nunatakrelikt aus einer für die Alpen neuen Gattung (Ins., Thysanura) (mit 12 Textabbildungen). S 5.20

Obritzhauser-Toifl, Hertha: Pollenanalytische (palynologische) Untersuchungen von mehreren organischen Substanzen (mit 6 Textabbildungen). S 30.—

Schremmer F.: Bohrschwammspuren in Actaeonellen aus der nordalpinen Gosau (mit 1 Tafel). S 3.80

Strouhal H.: Isopodenreste aus der altplistozänen Spaltenfüllung von Hundsheim bei Deutsch-Altenburg (Niederösterreich) (mit 7 Textabbildungen und 2 Tafeln). S 10.30

Neue Insektenfunde aus dem österreichischen Tertiär (Brunn-Vösendorf bei Wien und Weingraben im Burgenland)

Von Dr. FRIEDRICH BACHMAYER, Naturhistorisches Museum in Wien

Mit 2 Textabbildungen und 4 Tafeln

(Vorgelegt in der Sitzung am 23. Februar 1961)

Fossile Insekten kommen im allgemeinen selten vor. Auch in Österreich sind nur wenige Fundstellen bekannt, und an diesen sind die Funde im allgemeinen spärlich. Reicheres Material liegt nur aus den Tertiärfundstellen (Helvet) von Parschlug und Münzenberg (Steiermark) vor. Weiters stammt ein einziges Exemplar einer Libellenlarve aus den Miozänablagerungen der Ziegelei von Andritz bei Graz. Ferner konnten fossile Libellenlarven aus den Tertiärschichten (Helvet?) von Weingraben (Burgenland) beschrieben werden (BACHMAYER 1952). Auch aus dem pannonischen Tegel des Laaerbergs und besonders aus Brunn-Vösendorf wurden in letzter Zeit Funde von Insektenresten gemeldet (W. BERGER 1950, A. PAPP und K. MANDL 1951, und FR. BACHMAYER 1960). Nun sind wieder mehrere fossile Insektenflügel an dem Fundort Brunn-Vösendorf zum Vorschein gekommen. Der Finder, Herr PETER ULLRICH, übergab diese neuen Funde, so wie die früheren, dem Naturhistorischen Museum in Wien. Aber nicht nur aus der letztgenannten Fundstelle konnte dieser erfolgreiche Sammler Insekten bergen; vielmehr gelang es ihm auf Grund meiner näheren Angaben auch aus den miozänen Süßwasserablagerungen von Weingraben bemerkenswertes Material zustande zu bringen. Über diese neuen Funde soll nun kurz berichtet werden[1].

[1] Den Herren Dr. MAX BEIER, Dr. RUDOLF SCHÖNMANN, Dr. MAX FISCHER und Dr. FRIEDRICH JANCZYK (alle Naturhistorisches Museum in Wien) und besonders Prof. Dr. FRIEDRICH SCHREMMER vom II. Zoologischen Institut der Universität in Wien, bin ich für Ratschläge und für rezentes Vergleichsmaterial zu Dank verpflichtet.

I. Beschreibung der neuen Funde:

A. Fundstelle: Brunn-Vösendorf bei Wien (Pannon)

Ein recht gut erhaltener Insektenflügel, von dem sowohl Abdruck als auch Gegendruck vorliegen, stammt von einer Fliegenart (Trauermücke),

Familie: Lycoriidae

Gattung: Lycoria MEIGEN.

Lycoria schremmeri nov. spec.
Tafel 1, Fig. 1a und 1b

Diagnose: Eine *Lycoria*-Art, deren Flügel folgende Merkmale aufweist: Die Media ist gegabelt (m_1, m_2); am Flügelrand konvergieren m_1 und m_2; ausgeprägte Falten befinden sich zwischen m_2 und Cu_1, und auf der Analzelle (zwischen Cu und An); alle Queradern fehlen.

Holotypus-Aufbewahrungsort: Naturhistorisches Museum in Wien, Geologisch-palaeontologische Sammlung, Acqu.-Nr. 402/1961, Holotypus-Nr. J 4, Coll. ULLRICH.

Locus typicus: Ziegelei Brunn-Vösendorf bei Wien, Niederösterreich.

Stratum typicum: Mittlere Congerienschichten (Zone „E" nach PAPP, 1948) (in einer Mergelkonkretion), Pannon.

Derivatio nominis: nach Herrn Prof. Dr. FRIEDRICH SCHREMMER, II. Zoologisches Institut der Universität in Wien.

Abmessungen: Länge des Flügels: 7,4 mm; Breite: 2,7 mm.

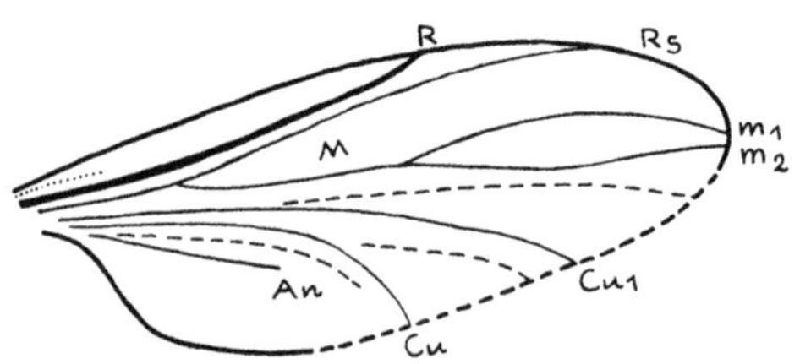

Abb. 1. Flügelgeäder von *Lycoria schremmeri nov. spec.*
R = Radius, Rs = Radiussektor, M = Media mit 2 Ästen (m_1 und m_2), Cu = Cubitus, An = Analader

Beschreibung: Der isolierte rechte Flügel ist gut erhalten. Sein Umriß ist durch die bräunliche Färbung recht gut zu erkennen,

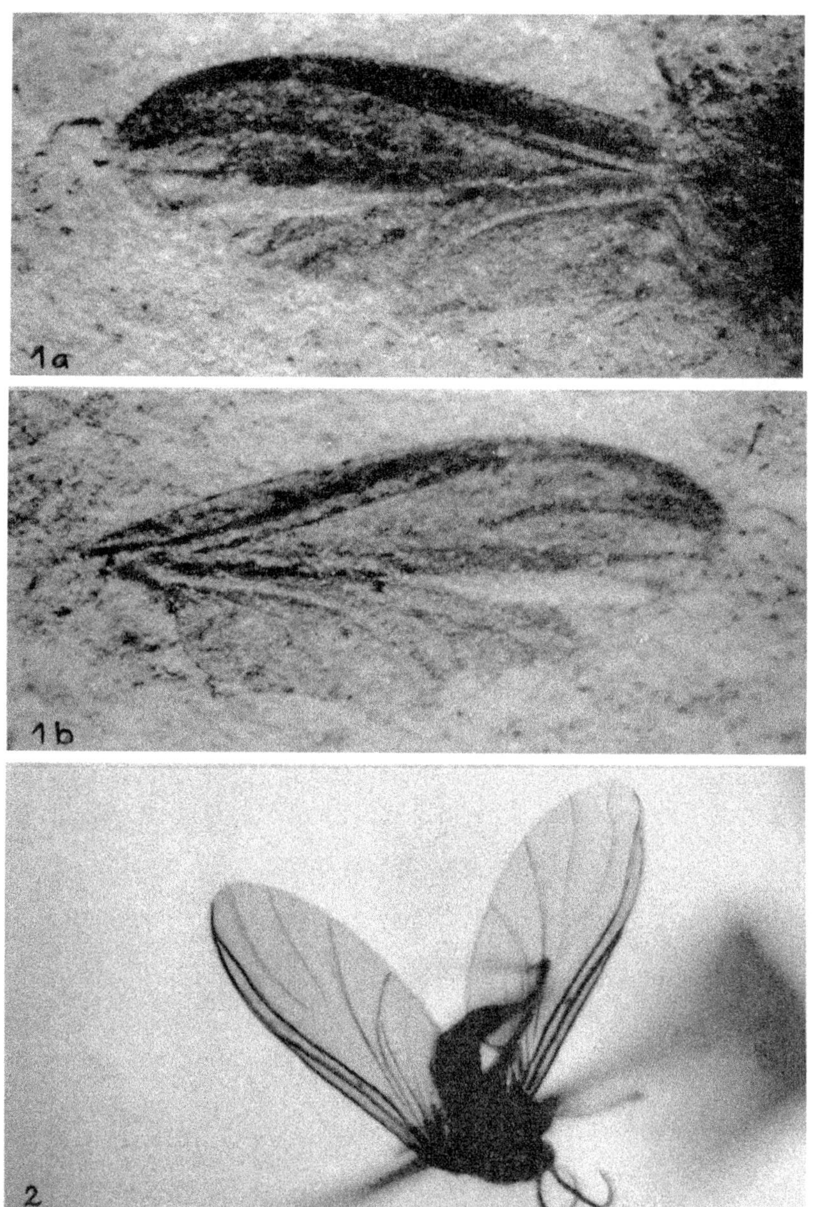

Fig. 1: *Lycoria schremmeri* nov. spec. Holotypus, Vorderflügel aus den Congerienschichten (Pannon) von Brunn-Vösendorf bei Wien.
a) Platte, b) Gegenplatte (11,5fach).
Fig. 2: *Lycoria thomae* (L.) rezent, zum Vergleich (11,5fach).

Fig. 1: Silphidae indet. Hinterflügel eines Aaskäfers aus den Congerienschichten (Pannon) von Brunn-Vösendorf bei Wien (5,5fach).
Fig. 2: *Necrophorus vespillo L.* rezent, Hinterflügel zum Vergleich (7fach).

ebenso tritt das Geäder durch seine dunkelbraune Farbe deutlich hervor. Umriß und Flügelgeäder haben große Ähnlichkeit mit *Lycoria*-(=*Sciara*-)Flügeln. Insbesondere steht die rezente Art *Lycoria thomae* L., wie die Abbildung zeigt, der fossilen Art sehr nahe.

Der Flügel ist langelliptisch, mit parabolischem Apex. Das Geäder ist sehr typisch, und es fällt auf, daß die Querader zwischen Radius und Radiussektor fehlt; vielleicht war sie überhaupt nicht vorhanden, da bei der trefflichen Erhaltung des Geäders diese doch irgendwie erkennbar sein müßte. Die Längsadern sind sehr charakteristisch. Eine Subcosta ist nur schwach angedeutet. Radius und Radiussektor sind dagegen kräftig entwickelt. Die Media ist in die beiden Äste m_1 und m_2 gegabelt. Zwischen m_2 und Cu_1 befindet sich eine Falte. Der Cubitus (Cu) dürfte (am Exemplar nur undeutlich zu sehen) gegabelt sein (Cu und Cu_1). Zwischen Cubitus und Analader (im Bereiche der Analzelle) ist eine Falte deutlich ausgeprägt. Die Analader verläuft fast gerade und bildet mit dem Cubitus ein offenes Dreieck.

Der zweite Insektenrest ist ein etwas beschädigter Hinterflügel. Schon der Abdruck und der Gegendruck lassen eine festere Konsistenz des Flügels erkennen. Sowohl die Umrißform wie auch die kräftigeren Adern sprechen dafür, daß man es mit dem Hinterflügel eines Käfers zu tun hat. Auf Grund von vergleichenden Untersuchungen des fossilen Restes mit den Flügeln rezenter Käfer ergab sich eine gewisse Ähnlichkeit mit dem Flügelgeäder von Aaskäfern (Silphiden). Doch ist das Geäder von rezenten Arten etwas abweichend beschaffen. Wegen der Seltenheit derartiger Funde soll das Objekt beschrieben und abgebildet werden.

Familie: Silphidae (Leach) Ganglb. (Aaskäfer).

Tribus: Necrophorini Ganglb. (Totengräber).

***Sylphidae* indet.**

Tafel 2, Fig. 1

Material: Ein Abdruck und Gegendruck. Abdruck, Acqu.-Nr. 403/1961, Coll. Ullrich, Geologisch-palaeontologische Sammlung, Naturhistorisches Museum in Wien. Gegendruck in der Privatsammlung des Herrn P. Ullrich.

Fundstelle: Ziegelei Brunn-Vösendorf bei Wien, Niederösterreich, mittlere Congerienschichten (Zone „E“ nach Papp 1948), Pannon (in einer Mergelkonkretion).

Abmessungen: Länge des Flügels > 19,3 mm, Breite des Flügels > 7,5 mm.

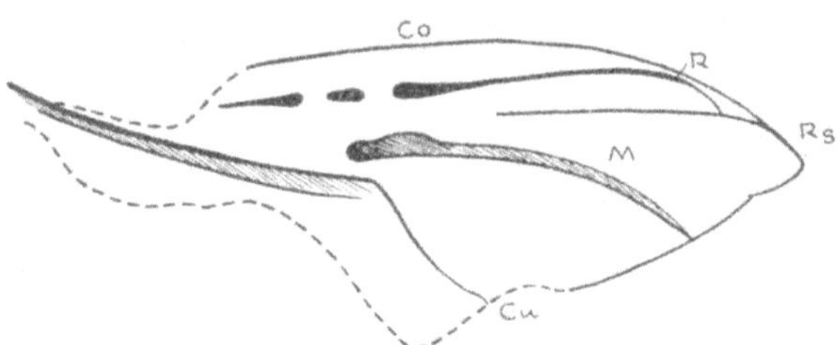

Abb. 2. Flügelgeäder einer fossilen Silphiden-Art aus dem Pannon von Brunn-Vösendorf.
Co = Costa, R = Radius, Rs = Radiussector, M = Media, Cu = Cubitus.

Beschreibung: Von diesem etwas beschädigten Hinterflügel sind Abdruck und Gegendruck vorhanden. Man erkennt, daß der Flügel quergefaltet war; die Endhälfte des Flügels mußte also am lebenden Insekt umgeklappt werden, um unter den kürzeren Flügeldecken Platz zu finden.

Der Radius ist recht kräftig, der Radiussector hingegen zart ausgebildet. Radius, Radiussector und Media sind im distalen Abschnitt basalwärts bis zur Querfaltengrenze recht gut erkennbar und scheinen dort mit den sklerotisierten Gelenkstellen der Querfalte in Verbindung zu stehen. Die Media ist breit und tritt deutlich hervor und ist stark gebogen. Auffällig kräftig und lang ist der Basalabschnitt des Cubitus, dessen distaler Abschnitt scharf gegen den Flügelhinterrand zu abgewinkelt ist.

B. Fundstelle: Weingraben bei Draßmarkt (Mittelburgenland) (Helvet?)

Im Jahre 1952 konnte ich erstmals über Funde von fossilen Insektenresten aus den Süßwasserschichten von Weingraben berichten. Es waren zahlreiche Reste von Libellenlarven, die in den papierdünnen Schichten gemeinsam mit unzähligen Pflanzenresten eingebettet waren. Herr Ullrich, angeregt durch diese Funde, hat nun im Jahre 1960 neue Aufsammlungen in Weingraben durchgeführt. So konnte er neben zahlreichen Libellenlarven einen zwar etwas dürftigen Libellenflügel (Abdruck und Gegenplatte) finden. Eine nähere Bestimmung dieses Flügels war nicht möglich, denn es fehlten gerade die für eine systematische Beurteilung wichtigen

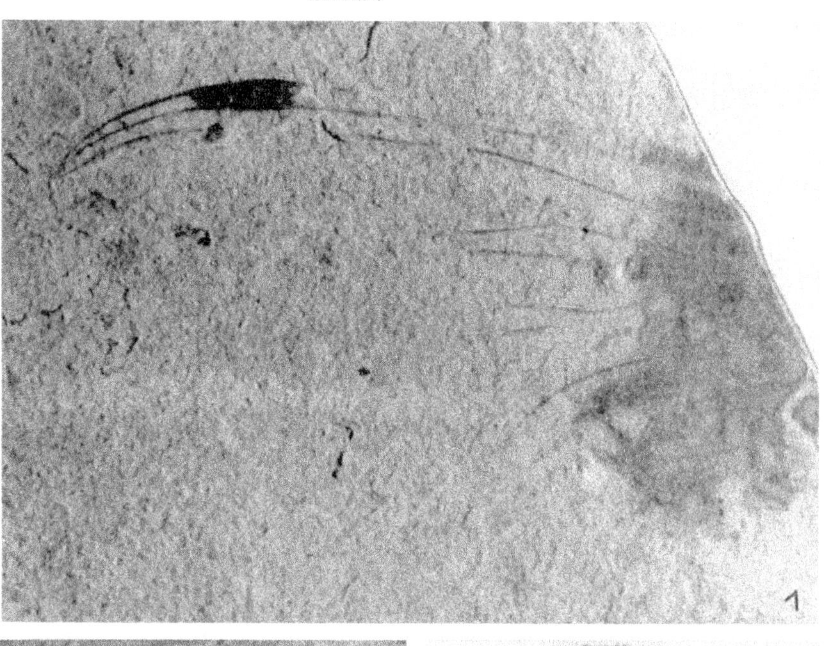

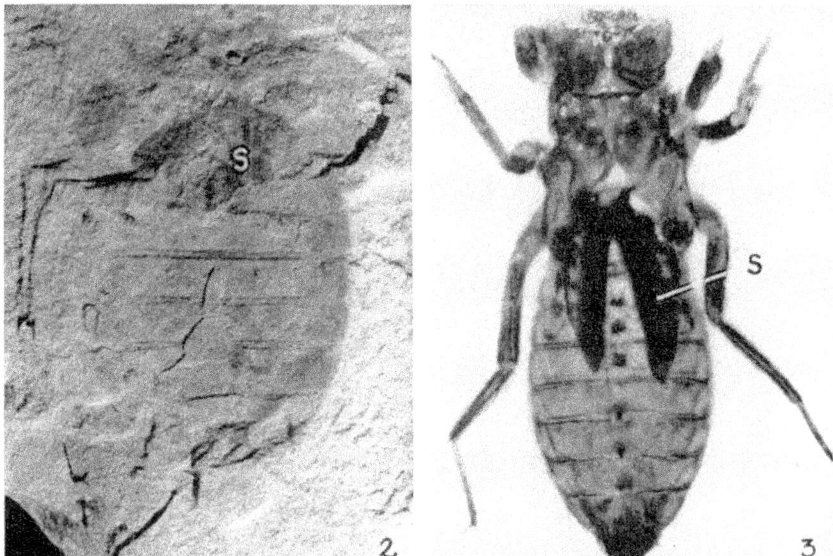

Fig. 1: Fossiler Libellenflügel aus den Süßwasserablagerungen (Helvet?) von Weingraben bei Draßmarkt im Burgenland (5fach).

Fig. 2: Fossile Libellulidenlarve (Nymphenhaut) mit noch erhaltenen Flügelscheiden (s), aus den Süßwasserablagerungen (Helvet?) von Weingraben bei Draßmarkt im Burgenland (2,6fach).

Fig. 3: Eine rezente Libelluliden-Nymphenhaut zum Vergleich (3fach). (s Flügelscheiden).

Zu: F. Bachmayer, Neue Insektenfunde aus dem österreichischen Tertiär. Tafel 4.

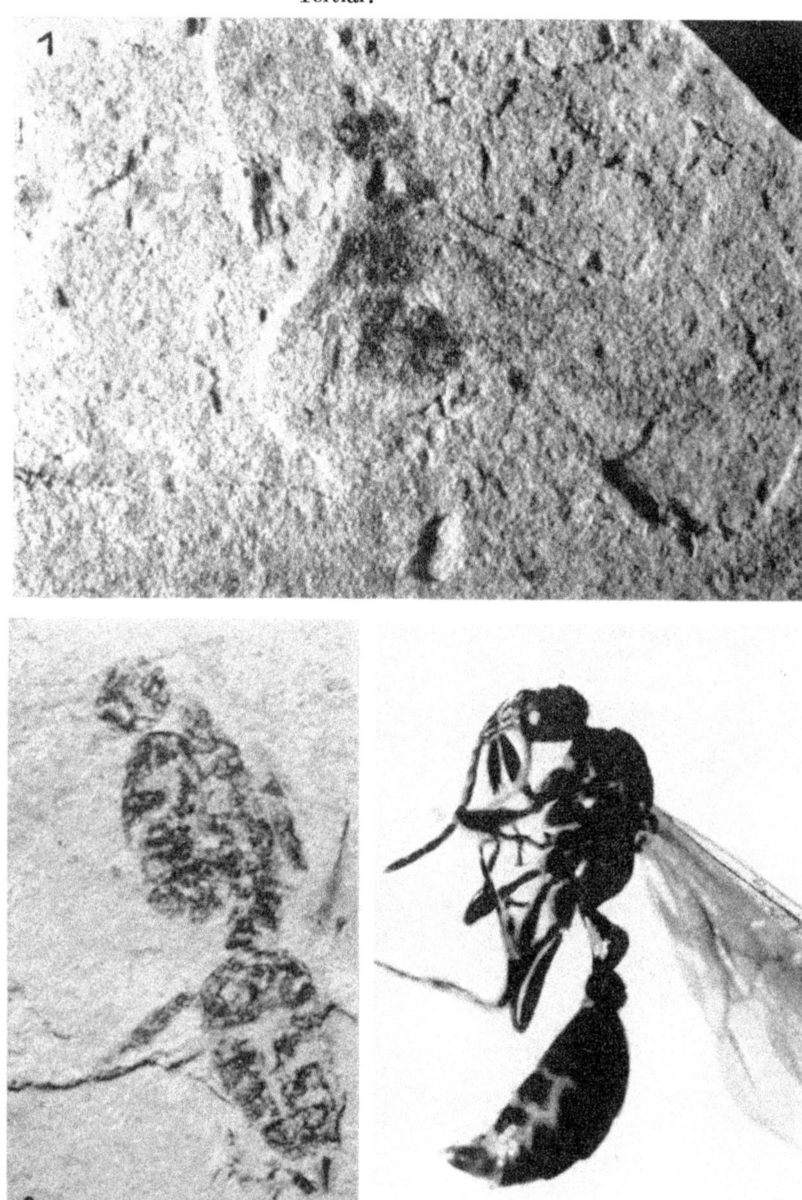

Fig. 1: Formiciden-Rest (*Camponotus?*) aus den Süßwasserablagerungen (Helvet?) von Weingraben bei Draßmarkt im Burgenland (9fach).

Fig. 2: Myrmicinen-Art, wahrscheinlich Männchen, aus den Süßwasserablagerungen (Helvet?) von Weingraben bei Draßmarkt im Burgenland (7fach).

Fig. 3: Rezente Myrmicinen-Art [Myrmica (Neomyrma) rubida (Latr.)] ♂ zum Vergleich (7fach).

Teile (vgl. Tafel 3, Fig. 1). Die zahlreichen fossilen Reste von Libellenlarven dürften zusammengeschwemmte Nymphenhäute vorstellen. Bei einem dieser Reste mit recht breitem Abdomen sind noch die paarigen Flügelscheiden zu erkennen. Es handelt sich hier wahrscheinlich um eine Larve, die zu einer Art der *Libellulidae* gehört. Es scheinen also Libellen überaus häufig an diesem Süßwassersee der Vorzeit gelebt zu haben. Weiters konnten in diesen Schichten auch Ameisenreste (1 Exemplar mit Flügel und ein Körper ohne Flügel) geborgen werden. Der erste Rest ist ziemlich dürftig, und es sind nicht alle Einzelheiten des Flügelgeäders zu erkennen. Nur eine Ader (Subcosta) ist kräftig entwickelt und am Exemplar deutlich zu sehen (Taf. 4, Fig. 1). Es dürfte sich daher wohl um einen Rest einer Formicide, vielleicht von *Camponotus*, handeln. Der zweite Ameisenrest ist ein Körper ohne Flügel (Länge 10,5 mm). Nach der Gestalt — besonders auffällig ist der verhältnismäßig kleine Kopf — scheint dieser Rest von einem Männchen (Flügel sind nicht erhalten) zu stammen. Nach dem relativ großen Abstand zwischen Thorax und Abdomen, und dem knotig verdickten Teil des Hinterleibstieles (Postpetiolus) zu schließen, handelt es sich bei dem Exemplar um eine Myrmicinen-Art.

Jedenfalls ist die Fundstelle bei Weingraben sehr vielversprechend, und es werden bei intensiver Aufsammlung sicherlich weitere Insektenfunde zum Vorschein kommen.

Literaturverzeichnis

BACHMAYER, FR. (1952): Fossile Libellenlarven aus miozänen Süßwasserablagerungen. — S.-B. Österr. Akad. Wiss., mathem.-naturwiss. Kl., Abt. I, *161*, p. 135—140. Wien.

— (1960): Insektenreste aus den Congerienschichten (Pannon) von Brunn-Vösendorf (südl. von Wien), Niederösterreich. — S.-B. Österr. Akad. Wiss., mathem.-naturwiss. Kl., Abt. I, *169*, p. 1—6. Wien.

BEIER, M. (1952): Miozäne und oligozäne Insekten aus Österreich und den unmittelbar angrenzenden Gebieten. — S.-B. Österr. Akad. Wiss., mathem.-naturwiss. Kl., Abt. I, *161*, p. 129—134. Wien.

BERGER, W. (1950): Insektenreste aus dem Pannon von Brunn-Vösendorf. — Anz. Österr. Akad. Wiss., mathem.-naturwiss. Kl. 1950, p. 116—119. Wien.

— (1952): Pflanzenreste aus dem miozänen Ton von Weingraben bei Draßmarkt (Mittelburgenland). — S.-B. Österr. Akad. Wiss., mathem.-naturwiss. Kl., Abt. I, *161*, p. 93—101. Wien.

— (1953): Pflanzenreste aus dem miozänen Ton von Weingraben bei Draßmarkt (Mittelburgenland). II. — S.-B. Österr. Akad. Wiss., mathem.-naturwiss. Kl., Abt. I, *162*, p. 17—30. Wien.

Burmeister, H. (1854): Untersuchungen über die Flügeltypen der Coleopteren. — Abh. naturf. Ges., *2*, p. 125—140. Halle a. d. Saale.

Ganglbauer, L. (1892): Die Käfer von Mitteleuropa. — Wien.

Handlirsch, A. (1906—1908): Die fossilen Insekten und die Phylogenie der rezenten Formen. — Leipzig.

Heer, O. (1849): Die Insektenfauna der Tertiärgebilde von Oeningen und Radoboj in Croatien, 2. T. — Neue Denkschr. allg. Schweiz. Ges. ges. Naturwiss. *11*, p. 1—264. Leipzig.

— (1867): Fossile Hymenopteren aus Oeningen und Radoboj. — Neue Denkschr. allgem. Schweiz. Ges. ges. Naturwiss. *22*, p. 1—42. Zürich.

Knoll, Fr. (1902): Die miozäne Flora von Andritz. — In: Eos, Festschrift der Abiturienten des k. k. I. Staatsgymnasiums in Graz vom Jahre 1902. — Deutsche Vereinsdruckerei und Verlagsanstalt Graz, p. 36—38. Graz.

Kühn, O. (1952): Unsere paläontologische Kenntnis vom österreichischen Jungtertiär. — Verh. Geol. Bundesanst., Sonderheft C, p. 114—126. Wien.

Lindner, E. (1930): Die Fliegen der palaearktischen Region, Bd. *2*. Stuttgart.

Mayr, G. L. (1868): Die Ameisen des baltischen Bernsteines. — Beitr. Naturkde. Preuss., herausgeg. v. d. Kgl. physikal.-ökonom. Ges. Königsberg, *1*, p. 1—102. Königsberg.

Novak, O. (1877): Fauna der Cyprisschiefer des Egerer Tertiärbeckens. — S.-B. Akad. Wiss. Wien, I, *76*, p. 71—96. Wien.

Papp, A. (1948): Fauna und Gliederung der Congerienschichten des Pannons im Wiener Becken. — Anz. Österr. Akad. Wiss., mathem.-naturwiss. Kl., Wien, p. 123—134. Wien.

Papp, A. und Mandl, K. (1951): Insekten aus den Congerienschichten des Wiener Beckens. — S.-B. Österr. Akad. Wiss., mathem.-naturwiss. Kl., I, *160*, p. 295—302. Wien.

Papp, A. und Thenius, E. (1954): Vösendorf — ein Lebensbild aus dem Pannon des Wiener Beckens. — Mitt. Geol. Ges. Wien, *46* (1953), p. 1 bis 109. Wien.

Pongrácz, A. (1931): Bemerkungen über die Insektenfauna von Oeningen nebst Revision der Heer'schen Typen. — Verh. naturhist. med. Ver. Heidelberg, *17*, p. 104—125. Heidelberg.

Redtenbacher, J. (1886): Vergleichende Studien über das Flügelgeäder der Insekten. — Ann. Naturhistor. Hofmus., *1*, p. 153—231. Wien.

Schröder, Chr. (1925): Handbuch der Entomologie. Jena.

Scudder, S. H. (1891): Index of the fossil Insects of the world. — US. geol. Surv., Nr. 71. Washington.

Stitz, H. (1939): Hautflügler oder Hymenoptera. I. Ameisen oder Formicidae. — Die Tierwelt Deutschlands und der angrenzenden Meeresteile, *37*, p. 1—428. Jena.

Zeuner, F. (1938): Die Insektenfauna des Mainzer Hydrobienkalkes. — Paläont. Z., *20*, p. 104—159. Berlin.

Tollmann A.: Die Gattungen Lingulina und Lingulinopsis (Foraminifera) im Torton des Wiener Beckens und Südmährens (mit 2 Tafeln). S 9.90

Zapfe H.: Die Fauna der miozänen Spaltenfüllung von Neudorf a. d. March (ČSR.). Proboscidea (mit 2 Textabbildungen und 2 Tafeln). S 12.30

1955 (S I Bd. 164):

Bachmayer F.: Die fossilen Asseln aus den Oberjuraschichten von Ernstbrunn in Niederösterreich und von Stramberg in Mähren (mit 9 Textabbildungen und 6 Tafeln). S 26.60

Beier M.: Insektenreste aus der Hallstattzeit (mit 4 Abbildungen und 2 Tafeln). S 6.40

Herre W.: Die Fauna der miozänen Spaltenfüllung von Neudorf a. d. March (ČSR.), Amphibia (Urodela) (mit 6 Textabbildungen). S 14.80

Kühn O.: Die Bryozoen der Retzer Sande (mit 2 Tafeln). S 14.10

Papp A.: Orbitoiden aus der Oberkreide der Ostalpen (Gosauschichten) (mit 3 Tafeln). S 12.20

Papp A.: Die Foraminiferenfauna von Guttaring und Klein St. Paul (Kärnten): IV. Biostratigraphische Ergebnisse in der Oberkreide und Bemerkungen über die Lagerung des Eozäns (mit 4 Textabbildungen). S 12.20

Plöchinger B.: Eine neue Subspezies des Barroisiceras haberfellneri v. Hauer aus dem Oberconiader Gosau Salzburgs (mit 2 Textabbildungen und 1 Tafel). S 4.40

Tollmann A.: Die Foraminiferenentwicklung im Torton und Untersarmat in den Randfazies der Eisenstädter Bucht (mit 1 Textabbildung). S 6.70

1956 (S I Bd. 165):

Bernhauser A.: Kann intravitaler Befall durch Bohrorganismen an fossilen Fischzähnen nachgewiesen werden? (mit 10 Textabbildungen). S 7.60

Thenius E.: Zur Kenntnis der fossilen Braunbären (Ursidae, Mammal.) (mit 5 Textabbildungen und 1 Tafel). S 17.20

Thenius E.: Die Suiden und Thayassuiden des steirischen Tertiärs. Beiträge zur Kenntnis der Säugetierreste des steirischen Tertiärs. VIII. (mit 31 Textabbildungen). S 25.—

1957 (S I Bd. 166):

Ehrenberg K.: Berichte über Ausgrabungen in der Salzofenhöhle im Toten Gebirge. VIII. Bemerkungen zu den Ergebnissen der Sedimentuntersuchungen von Elisabeth Schmid. S 5.80

Schmid Elisabeth: Von den Sedimenten der Salzofenhöhle (mit 1 Textabbildung und 1 Beilage). S 14.—

Zapfe H. und Hürzeler J.; Die Fauna der miozänen Spaltenfüllung von Neudorf a. d. M. (ČSR). Primates (mit 1 Tafel). S 10.20

1958 (S I Bd. 167):

Bakalow P., Kühn N. und Sachariewa K.: Die Trias von Kotel (Ost-Balkan). I. Die unterkarnische Ammonitenfauna von Kotel (mit 4 Textabbildungen und 2 Tafeln). S 20.80

Bobies A. Carl: Bryozoenstudien III/2. Die Horneridae (Bryozoa) des Tortons im Wiener und Eisenstädter Becken (mit 3 Tafeln). S 20.70

Tiedt Liselotte: Die Nerineen der österreichischen Gosauschichten (mit 18 Textabbildungen und 3 Tafeln). S 29.60

1959 (S I Bd. 168):

Bachmayer F.: Neue Crustaceen aus dem Jura von Stremberg (ČSR) (mit 2 Tafeln). S 13.50

Kühn O. und Pejović D.: Zwei neue Rudisten aus Westserbien (mit 4 Textabbildungen und 4 Tafeln). S 17.80

Pokorny Gerhard: Die Actaeonellen der Gosauformation (mit 1 Textabbildung und 2 Tafeln). S 31.20

1960 (S I Bd. 169):

Bachmayer F.: Insektenreste aus den Congerienschichten (Pannon) von Brunn-Vösendorf (südl. von Wien) Niederösterreich (mit 2 Tafeln und 8 Abbildungen). S 8.30

Schaffer H.: Interessante obereozäne Echinidenarten, aus Bruderndorf (N.-Ö) und Oberitalien (mit 7 Textabbildungen). S 11.—

GPSR Compliance
The European Union's (EU) General Product Safety Regulation (GPSR) is a set of rules that requires consumer products to be safe and our obligations to ensure this.

If you have any concerns about our products, you can contact us on

ProductSafety@springernature.com

In case Publisher is established outside the EU, the EU authorized representative is:

Springer Nature Customer Service Center GmbH
Europaplatz 3
69115 Heidelberg, Germany

www.ingramcontent.com/pod-product-compliance
Ingram Content Group UK Ltd.
Pitfield, Milton Keynes, MK11 3LW, UK
UKHW021926190726
13853UKWH00002B/883

* 9 7 8 3 6 6 2 2 3 2 5 1 4 *